BEI GRIN MACHT SICH IHR WISSEN BEZAHLT

- Wir veröffentlichen Ihre Hausarbeit,
  Bachelor- und Masterarbeit

- Ihr eigenes eBook und Buch -
  weltweit in allen wichtigen Shops

- Verdienen Sie an jedem Verkauf

Jetzt bei www.GRIN.com hochladen und kostenlos publizieren

Bibliografische Information der Deutschen Nationalbibliothek:

Die Deutsche Bibliothek verzeichnet diese Publikation in der Deutschen National-
bibliografie; detaillierte bibliografische Daten sind im Internet über http://dnb.d-
nb.de/ abrufbar.

Dieses Werk sowie alle darin enthaltenen einzelnen Beiträge und Abbildungen
sind urheberrechtlich geschützt. Jede Verwertung, die nicht ausdrücklich vom
Urheberrechtsschutz zugelassen ist, bedarf der vorherigen Zustimmung des Verla-
ges. Das gilt insbesondere für Vervielfältigungen, Bearbeitungen, Übersetzungen,
Mikroverfilmungen, Auswertungen durch Datenbanken und für die Einspeicherung
und Verarbeitung in elektronische Systeme. Alle Rechte, auch die des auszugsweisen
Nachdrucks, der fotomechanischen Wiedergabe (einschließlich Mikrokopie) sowie
der Auswertung durch Datenbanken oder ähnliche Einrichtungen, vorbehalten.

Impressum:

Copyright © 2018 GRIN Verlag
Druck und Bindung: Books on Demand GmbH, Norderstedt Germany
ISBN: 9783668808522

Dieses Buch bei GRIN:

https://www.grin.com/document/443086

Elena Schreer

Didaktisch-methodische Reflexion einer Beispielexkursion am Eigelstein

Ein Viertel - viele Perspektiven

GRIN Verlag

GRIN - Your knowledge has value

Der GRIN Verlag publiziert seit 1998 wissenschaftliche Arbeiten von Studenten, Hochschullehrern und anderen Akademikern als eBook und gedrucktes Buch. Die Verlagswebsite www.grin.com ist die ideale Plattform zur Veröffentlichung von Hausarbeiten, Abschlussarbeiten, wissenschaftlichen Aufsätzen, Dissertationen und Fachbüchern.

Besuchen Sie uns im Internet:

http://www.grin.com/

http://www.facebook.com/grincom

http://www.twitter.com/grin_com

Universität zu Köln

Math.-Nat. Fakultät

Geographisches Institut

Seminar zur Fachdidaktik Geographie

WS 2017/18

Didaktisch-methodische Reflexion einer Beispielexkursion am Eigelstein

unter dem Exkursionsthema:

„Ein Viertel – viele Perspektiven"

Inhaltsverzeichnis

1 Einleitung

Exkursionen sind nicht nur im Geographiestudium, sondern auch während des Geographieunterrichts in der Schule willkommene Unterrichtsformen, die je nach Konzeption als Einführung in ein neues Thema, in der Mitte oder als Abschluss in einer Unterrichtsreihe eingebaut werden.

Die folgende Arbeit bezieht sich auf einen, im Rahmen eines fachdidaktischen Seminars im Bachelor Geographie durchgeführten, Exkursionsbausteins unter dem Themenbereich „Stadt und Migration" und soll dessen didaktisch-methodische Reflexion und Analyse dokumentieren.

Die Arbeit gliedert sich in zwei Hauptteile: Im theoretischen Teil soll zunächst die Exkursion als Unterrichtsform im kompetenzorientierten Geographieunterricht thematisiert werden. Dazu werden allgemeine Grundlagen der Exkursionsdidaktik erläutert und Kriterien herausgearbeitet, die den Mehrwert einer Exkursion als Unterrichtsform verdeutlichen. Zudem wird auf die Umsetzung von Binnendifferenzierung und den Einsatz von Medien auf Exkursionen eingegangen. In einem nächsten Schritt wird das Themenfeld „Stadt und Migration" in seiner Eignung für den Geographieunterricht diskutiert.

Im darauf folgenden konzeptionellen Teil der Arbeit wird das angewendete Exkursionskonzept detailliert vorgestellt und in Bezug zu den Grundlagen der Exkursionsdidaktik kommentiert.

Abschließend folgt eine detaillierte Reflexion, die sich aus den eigenen Beobachtungen während der Exkursion und der Nachbereitung, dem Feedback der SchülerInnen bzw. Lehrer und den Erkenntnissen aus videografierten Sequenzen ergibt.

Zuletzt werden die von mir gesammelten Eindrücke und Erkenntnisse während der Exkursionsvorbereitung, Durchführung und Nachbereitung in einem Fazit zusammengefasst.

2 Theoretischer Teil I: Grundlagen der Exkursionsdidaktik

2.1 Kompetenzorientierter Geographieunterricht – Mehrwert der Unterrichtsform Exkursion

Das Wort Exkursion kommt von dem lateinischen *Exurrere*, was soviel wie Heraus- oder Hinauslaufen bedeutet. Es handelt sich bei dieser didaktischen Großform des Unterrichts um unterschiedlichste Formen des außerschulischen Lernens mit unmittelbarem geographischem Fachbezug (BROCKHAUS 2006: 640). Dauer, Intention und didaktisch-methodische Konzeption von Exkursionen sind stark variabel.

Die Besonderheit und der potentielle Mehrwert des Lernens in außerschulischer Umgebung liegen in erster Linie darin, dass Schülern die Möglichkeit einer realen Begegnung mit der räumlichen Wirklichkeit geboten wird. Die Aufgabe der Exkursion ist, dem Schüler eine direkte Erfassung geographischer Phänomene, Strukturen, Funktionen und Prozesse vor Ort zu ermöglichen (RINSCHEDE 1997: 7).

Bei der Planung einer Exkursion sind einige wichtige Aspekte zu berücksichtigen. Die wichtigsten Planungsschritte sollen im Folgenden kurz erläutert werden.

Zunächst muss das Thema festgelegt werden, unter dem die Exkursion stattfinden soll. Es muss sich die Frage gestellt werden: Was soll wozu behandelt werden? Die nächste Frage richtet sich an die Lerngruppe und Jahrgangsstufe: Mit wem findet die geplante Exkursion statt? Der didaktische Ort muss bestimmt werden, sprich: Zu welchem Zeitpunkt der Unterrichtsreihe soll die Exkursion stattfinden? Als nächstes sollte ein Raumbeispiel gefunden werden, der die behandelte Thematik gut repräsentiert. Ebenso sollte sich Gedanken über das Raumkonzept gemacht werden: Welche Perspektive soll gewählt werden? Im nächsten Schritt stellt sich die Frage nach der geeigneten Exkursionsmethode: Wie soll der Unterrichtsinhalt am besten vermittelt werden? Damit zusammenhängend sollten Möglichkeiten zur Binnendifferenzierung geschaffen werden. Zuletzt wird die Exkursion Sequenziert und Material zusammengestellt.

Exkursionen können in unterschiedlicher Art und Weise gestaltet und konzeptioniert werden. Die Überblicksexkursion zeichnet sich durch eine starke Steuerung des Lernprozesses durch den Exkursionsleiter aus. Sie ist eher kognitivistisch ausgerichtet und lässt aus Schülersicht wenig Freiraum für Selbstbestimmung und Aktivitäten. Die Lerninhalte beschränken sich weitgehend auf feststehende

Wissensbestände. Positive Aspekte einer Überblickexkursion sind die überschaubare organisatorische und methodisch-didaktische Planbarkeit und die klar definierbaren Ziele.

Dem gegenüber ist die Arbeitsexkursion stark handlungsorientiert ausgerichtet und kennzeichnet sich durch die Anwendung einer Vielzahl geographischer Arbeitsweisen aus. Es handelt sich dabei um eine konstruktivistische Konzeptionierung, in der den SchülernInnen eine hohe Aktivität und Selbstbestimmung zugeschrieben wird. Die SchülerInnen erarbeiten selbstständig Hypothesen und Leitfragen. Diese Konzeption ermöglicht eine multiperspektivische Wahrnehmung des Raumes. Die Entwicklung individueller Perspektiven wird mit spezifischen Bedeutungszuweisungen verbunden, welche in intersubjektiven Auseinandersetzungen diskutiert werden können. Das Ziel einer solchen Exkursionsform ist die Beantwortung einer konkreten, problemerschließenden Fragestellung durch die selbstständige Anwendung geographischer Arbeitsweisen in direkter Konfrontation mit der Realität (OHL & NEEB 2012: 260 ff.).

Gängige Arbeitsmethoden der Geographie sind bspw. Kartierungen, Zählungen, Messungen, Befragungen, Beobachtungen, oder die Spurensuche. Die Spurensuche ist ein Beispiel für eine besonders aktive Arbeitsweise, die die Wissenskonstruktion und Selbstständigkeit der SchülerInnen im Lernprozess in höchstem Maße fördert (ebd.: 264).

In der Praxis werden, je nach Präferenz des Lehrenden und den Rahmenbedingungen der Institution, sowohl kognitivistische als auch konstruktiiviste Konzeptionen in Exkursionen umgesetzt. Eine Mischform beider Ansätze ist ebenso denkbar. Voraussetzung sollte jedoch stets die Integrierung einer schriftlichen Fixierung von relevanten Aspekten im Verlauf der Exkursion sein, die Behandlung realer Problemstellungen, sowie eine ausreichende Instruktion und Strukturierung des Exkursionsverlaufs (ebd.: 272).

Räume können auf unterschiedliche Art und Weise aufgefasst und interpretiert werden. Die Berücksichtigung unterschiedlicher Raumkonzepte ist daher ein wichtiger Bestandteil der didaktisch-methodischen Planung. Räume können als Container der dinglich-materiellen Welt aufgefasst werden, in dem bestimmte Sachverhalte enthalten sind (z.B. natürliche Faktoren, Infrastruktur, Grünflächen). Sie können als System von Lagebeziehungen verstanden werden, wobei der Fokus besonders auf Lagerelationen, Distanzen etc. gelegt wird (z.B. Pendlerströme, Abwanderung in andere Stadtviertel, Entfernungen). Räume werden auch als Kategorien der subjektiven Wahrnehmung betrachtet. Dabei wird gefragt, wie Räume von Individuen unterschiedlich gesehen und bewertet werden (z.B. Orte, an denen sich bestimmte Bevölkerungsgruppen (un-)wohl fühlen). Räume können auch als gedankliche Konstrukte aufgefasst werden, wobei gefragt wird, wer mit welchem Interesse, unter welchen Bedingungen und welchen Folgen über Räume kommuniziert (z.B. Werbeprospekte oder mediale Berichterstattungen) (ebd.: 281 ff.). Es lässt sich schlussfolgern, dass Räume zum einen als physisch-materielle Konstante und zum anderen als mentale Konstruktion gedacht werden können. Je nach Betrachtungsweise bieten sich mehr oder weniger sinnvolle Arbeitsmethoden an. Der physisch-materielle Raum weist Eigenschaften auf, die messbar sind und bspw. eine Kartierung zulassen. Der mentale Raum wird hingegen nur wahrgenommen und muss untereinander kommuniziert werden. Letzteres macht die notwenige Berücksichtigung von Vielperspektivität offensichtlich. Voraussetzung dafür ist die Fähigkeit eines empathischen Perspektivwechsels seitens der SchülerInnen, welche auf diese Weise die Bedürfnisse, Sichtweisen und Situationen anderer kennenlernen. Eine repräsentative Methodik für dieses Vorgehen ist bspw. eine Rollenexkursion, auf die im konzeptionellen Teil dieser Arbeit weiter eingegangen wird. Das Prinzip der Subjektzentrierung ist eine Möglichkeit, die den SchülernInnen individuelle Zugänge zum jeweiligen Exkursionsort ermöglicht. Die subjektiven Wahrnehmungen und Räumzugänge der Exkursionsteilnehmer stehen dabei im Fokus und ermöglichen eine eigene Bedeutungskonstruktion seitens der Schüler. Wahrnehmungsgeographische Erkenntnisse sollten demnach immer relativiert betrachtet und bewertet werden. Wahrnehmungspsychologisch betrachtet haben auch Exkursionsleiter nie den vollkommenen Zugang zur tatsächlichen Realität, sodass die Vermittlung einseitiger Sichtweisen vermieden werden sollte (ebd.: 279 f.).

Grundsätzlich können Exkursionen das Interesse für geographische Phänomene wecken und intensivieren und somit als Motivation dienen. Durch den Einsatz geographischer Methoden lernen SchülerInnen räumliche Informationen auszuwerten und fördern so ihre Methodenkompetenz. Ebenso werden das Raumverständnis und die Orientierungskompetenz, sowie die geographische Handlungsfähigkeit gefördert.

2.2   Binnendifferenzierung und kooperatives Lernen

Mit zunehmender Bedeutung von Heterogenität, Differenzierung und Inklusion an Schulen steigt auch die Notwenigkeit von differenzierten Lernangeboten im Unterricht. Durch Binnendifferenzierung sollen einzelne SchülerInnen innerhalb der Lerngruppe gefördert werden und Maßnahmen ergriffen werden, die zu einer Individualisierung des Lernens führen. Das Lernangebot soll den unterschiedlichen Lernmöglichkeiten der SchülerInnen angepasst werden, nach dem Motto: „Gestalte deinen Unterricht so, dass er möglichst vielen deiner unterschiedlichen Schüler für ihr Lernen geeignete Zugänge bietet!" (HEYMANN 2010: 7).

Binnendifferenzierung kann in unterschiedlichen Formen realisiert werden. Die geschlossene Form ist auf einen zentral organisierten Unterricht ausgerichtet und differenziert das Lernangebot nach Lernzugängen, Lernzielen, Quantität, Qualität oder durch Unterstützung. Die offene Form findet in dezentralen Unterrichtsformen Anwendung und differenziert das Lernarrangement durch Projektarbeit, langfristige Gruppenarbeit oder Individualisierung in Form von Lernprogrammen, Lernwerkstätten oder Lernstationen (BAHR 2013: 5).

Eine weitere Möglichkeit der Differenzierung liegt in der Lernstilkategorisierung. Je nach Lernstil arbeiten die die SchülerInnen mit unterschiedlichen Lernstrategien. Der verbal-sprachliche Lerner lernt am besten durch Lesen, Schreiben oder Kommunikation mit anderen. Der logsch-mathematische Lerner lernt vorzugsweise durch Mind Maps, Conzept Maps oder Diagramme. Der visuell-räumliche Lerner zeichnet sich durch ein ausgezeichnetes räumliches Orientierungsvermögen aus und hat seine Stärken im Umgang mit Karten sowie Bild- und Filmmaterial. Die präferierten Arbeitsformen des physisch-kinästhetische Lerners sind dagegen Strukturiertechniken oder Feldarbeiten (ebd.: 6).

Voraussetzung für eine solche Differenzierung ist eine gute Selbstreflexion der SchülerInnen und eine emphatische Auffassungsgabe und Schülerkenntnis der Lehrperson.

Des Weiteren können Lernmaterialien nach verschiedenen Anforderungsbereichen aufbereitet werden. Insgesamt werden drei aufeinander aufbauende Anforderungsbereiche unterschieden, die das Einstufen von Niveaustufen der Kompetenzen der SchülerInnen ermöglicht. Der erste Anforderungsbereich setzt die Wiedergabe von gelernten und geübten Sachverhalten und Begriffen in einem begrenzten Gebiet voraus. Der zweite Anforderungsbereich fordert das selbstständige Bearbeiten und Übertragen bekannter Sachverhalte auf neue Fragestellungen und Zusammenhänge. Der dritte Anforderungsbereich setzt das Bearbeiten komplexer Sachverhalte voraus, um selbständige Lösungen, Folgerungen, Begründungen und Wertungen formulieren zu können (ebd.: 7).

In der Unterrichtspraxis führt Binnendifferenzierung für die Lehrperson zu einem erhöhten Arbeitsaufwand und fordert im Unterrichtsverlauf einen häufigen Wechsel zwischen gemeinsamen und individualisierten Phasen. Die Unterrichtsformen müssen zunehmend flexibel gestaltet und durch eine methodische Vielfalt gestützt werden. Die traditionelle Unterrichtsform wird so zunehmend zu einer individualisierten Unterrichtsform geöffnet.

2.3 Einsatz von Medien

Mediendidaktik beschäftigt sich mit dem didaktisch sinnvollen und logischen Einsatz von Medien. Dazu ist zunächst das richtige Verständnis der Medienfunktion im Unterricht erforderlich. "Medien sind Träger von subjektiv ausgewählten und gespeicherten Informationen. Im unterrichtlichen Lernprozess haben sie eine Mittlerfunktion zwischen der (räumlichen) Wirklichkeit und dem Adressaten/Lernenden" (RINSCHEDE 2007: 306). Medien sind als Konstrukte der Wirklichkeit/Realität zu verstehen, nicht als deren Abbild. Der Einsatz von Medien im Unterricht kann zur Informationsvermittlung beitragen, methodische Fähigkeiten vermitteln, Kommunikationsprozesse in Gang setzen, oder Handlungsabläufe fördern (RINGEL 2012: 175).

Mit dem Einsatz von Medien werden zudem die Kompetenzbereiche des nationalen Bildungsstandards unterstützt. Insgesamt unterscheidet man in vier unterschiedliche Kompetenzbereiche. Den Kompetenzbereich Erkenntnisgewinnung und Methoden, in dem SchülerInnen lernen Informationen aus Medien zu verarbeiten, zu beschaffen und auszuwerten. Im Kompetenzbereich Kommunikation lernen SchülerInnen den Austausch von Informationen und die Diskussion über diese. Der Kompetenzbereich Beurteilung und Bewertung wird durch die Beurteilung ausgewählter geographisch relevanter Informationen aus Medien abgedeckt. Die SchülerInnen erwerben eine gewisse Medienkompetenz. Auch der Kompetenzbereich Handlung kann durch die

Kenntnis von handlungsrelevanten Strategien und Informationen durch Medien gefördert werden (ebd.: 176 f.).

Der Lehrperson steht eine Vielzahl verschiedener Medienarten zur Verfügung (z.B. Computer, Lehrbücher, fachtypische Medien, Filme, personale Medien etc.). Welche Medienart sich am ehesten für den eine bestimmte Unterrichtsphase eignet richtet sich nach der Lerngruppe, dem Lerngegenstand und den äußeren Rahmenbedingungen der Institution und muss individuell von der Lehrperson abgestimmt werden. Ebenso muss der didaktische Ort, sowie der Grad der Anschaulichkeit und Komplexität der Mediengestaltung berücksichtigt werden.

Je nachdem, nach welchem erkenntnistheoretischen Verfahren die Lehrperson den Unterricht gestaltet, können Art und Zeitpunkt des Medieneinsatzes variieren. Das ideographische Verfahren kennzeichnet sich durch die Untersuchung eines Forschungsgegenstandes mittels charakteristischer Merkmale aus. Bei der Umsetzung eines nomothetischen Verfahrens stehen hingegen allgemeine Erkenntnisse und Gesetzmäßigkeiten im Mittelpunkt. Das induktive Verfahren arbeitet einen Begriff anhand von Beispielen über Analysen hin zu Abstraktionen heraus. Im vergleichenden Verfahren werden verschiedene Bezugsgrößen einander gegenüber gestellt. Das deduktive Verfahren zeichnet sich durch eine Arbeitsweise aus, in der die Gültigkeit allgemeiner Merkmale durch die Anwendung auf ein Beispiel nachgewiesen wird (ebd.: 181 f.).

Eine sinnvolle Auswahl von Medien im Geographieunterricht richtet sich stets nach den zuvor definierten Lehr-/Lernzielen und dient in diesem Zusammenhang als eine Art Mittel zum Zweck. Medien sind zudem immer aus einer konstruktivistischen Perspektive zu betrachten, wobei sie die Realität nicht als Abbild darstellen, sondern sie zu einem gewissen Teil selbst herstellen. Dies macht einen kritischen Umgang mit Medien notwendig, der zuvor in Form einer grundlegenden Medienerziehung vermittelt werden sollte.

3 Theoretischer Teil II: Das Themenfeld „Stadt und Migration" in seiner Eignung für den Geographieunterricht

Das Themenfeld „Stadt und Migration" umfasst eine große Bandbreite interessanter Aspekte, die im Geographieunterricht thematisiert und bearbeitet werden können. Wichtige Fragen, die das Themenfeld aufwerfen und die als Diskussionsbasis in den Unterricht eingebaut werden können, sind beispielsweise: Warum verlassen Menschen ihre Heimat? Welche Wanderungsbewegungen gab es bisher in Deutschland? Was bedeutet Migration und wie entwickeln sich Städte unter dem Einfluss von Migration? Welche Aufgaben und Herausforderungen ergeben sich durch Migration für Stadtplanung und Politik? Dies sind nur einige beispielhafte Themen und Leitfragen, die unter das Themenfeld „Stadt und Migration" fallen. Die Aktualität dieser Themen ist zu Zeiten der großen Flüchtlingswelle nach Europa offensichtlich und macht deutlich, dass eine Bearbeitung dieses Themenfeldes im Geographieunterricht sinnvoll und ratsam ist.

Im Kernlehrplan Geographie für das Gymnasium wird die Behandlung des genannten Themenfeldes unter den Inhaltsfeldern „Innerstaatliche und globale räumliche Disparitäten als Herausforderung" oder „Wachstum und Verteilung der Weltbevölkerung als globales Problem" gefasst (MINISTERIUM FÜR SCHULE UND WEITERBILDUNG DES LANDES NRW 2007: 30 f.). Inhaltlich werden die räumlichen Auswirkungen politisch und wirtschaftlich bedingter Migration in Herkunfts- und Zielgebieten, das Wachsen und Schrumpfen als Problem von Städten in Entwicklungs- und Industrieländern, sowie die Ursachen und Folgen der regional unterschiedlichen Verteilung, Entwicklung und Altersstruktur der Bevölkerung in Industrie- und Entwicklungsländern behandelt.

Ziel des Erdkundeunterrichts ist der Erwerb allgemeiner fachspezifischer Kompetenzen. Seit der Einführung von Bildungsstandards durch das Kultusministerium im Jahr 2001, ist allgemein festgelegt, welche Kompetenzen und Lerninhalte in einem bestimmten Jahrgang erworben sein sollten. Kompetenzen sind nach Weinert „die bei Individuen verfügbaren oder von ihnen erlernbaren kognitiven Fähigkeiten und Fertigkeiten, bestimmte Probleme zu lösen, sowie die damit verbundenen motivationalen, volitionalen und sozialen Bereitschaften und Fähigkeiten, um die Problemlösungen in variablen Situationen erfolgreich und verantwortungsvoll nutzen zu können." (WEINERT 2001: 27 f.). Die

Kompetenzbereiche des Fachs Geographie beinhalten neben dem Fachwissen die räumliche Orientierung, Erkenntnisgewinnung/Methoden, Kommunikation, Beurteilung/Bewertung und Handlung. Diese Kompetenzen sollen den Aufbau eines Orientierungs-, Kultur und Weltwissens, die Entwicklung der eigenen Persönlichkeit und der eigenen Identität, die Wahrnehmung eigener Lebenschancen, sowie die mündige und verantwortungsbewusste Teilhabe am gesellschaftlichen Leben und an demographischen Willensbildungs- und Entscheidungsprozessen unterstützen (MINISTERIUM FÜR SCHULE UND WEITERBILDUNG DES LANDES NRW 2007).

4 Konzeptioneller Teil: Detaillierte Vorstellung des Exkursionskonzepts mit didaktischem Kommentar und Bezügen zu den Grundlagen der Exkursionsdidaktik

Die Exkursion ist auf eine Lerngruppe von 12 Schülern ausgerichtet, die sich in der gymnasialen Jahrgangsstufe 9 befinden und im Idealfall bereits fachliche Grundkenntnisse im Themenfeld „Stadt und Migration" erworben haben. Für einen reibungslosen und produktiven Ablauf, sollte die Anzahl der Exkursionsleiter nicht unter 4 Personen liegen. Die Dauer der Exkursion beträgt insgesamt ca. 5 ½ Stunden, wovon 1 ¼ Stunden Pause und ½ Stunde Fahrtzeit eingerechnet sind. Insgesamt ist die Exkursion in 9 Phasen untergliedert, die im Folgenden vorgestellt und in Bezug auf die Grundlagen der Exkursionsdidaktik kommentiert werden sollen.

Unter dem Thema „Veränderungen von Städten durch Migration" soll das multikulturelle Eigelsteinviertel unter dem Raumkonzept „Raum als Kategorien der subjektiven Wahrnehmung" untersucht werden (vgl. S.4). Der Aufbau des Konzeptes richtet sich nach einem ideographischen Zugang, in dem vom konkreten Raumbeispiel auf allgemeine Gesetzmäßigkeiten im großen Maßstab abstrahiert wird (vgl. S.8). Es handelt sich um eine Arbeitsexkursion, in der den SchülerInnen eine hohe Aktivität und Selbstbestimmung zugeschrieben wird. Methodisch wird zunächst mit einer Subjektzentrierung gearbeitet in der die Schüler ihre eigene Raumwahrnehmung schulen. Im Verlauf verändert sich die eigene Perspektive in Form einer Rollenexkursion, was durch Abstraktionsfähigkeit und Transferleistungen im letzten Teil der Exkursion zu einer allgemeinen gültigen Erkenntnis führen soll.

Der Einstieg findet an der Eigelstein Torburg statt und dient der allgemeinen Einführung in die Exkursion. Die Exkursionsleiter und die Lerngruppe stellen sich einander vor und befestigen mit Hilfe eines Kreppbandes ihrem Namen gut sichtbar auf ihren Jacken. Ein kurzer Ausblick auf den Aufbau und Verlauf der Exkursion soll Struktur und Transparenz schaffen. Anhand einer Karte folgt zunächst eine erste Lokalisierung des Untersuchungsgebiets. Daraufhin erhalten die SchülerInnen ein Arbeitsblatt (AB 1) und einen Beobachtungsauftrag für die darauf folgende Route.

Die SchülerInnen gehen die vorgegebene Route (*Eigelstein, Weidengasse, Geronswall, Staufenhof, Café Familich*) mit Hilfe der Karte ab und notieren sich auf dem Weg eine signifikante Beobachtung. Je nach Gruppengröße ist hierbei eine vorherige Einteilung in Kleingruppen sinnvoll. Ziel ist es, dass die SchülerInnen ihre räumliche Orientierung fördern und durch die Arbeit mit der Karte das topographische Orientierungswissen und die Kartenkompetenz ausbauen.

Nachdem sich alle vor dem *Café Familich* eingefunden haben, werden zunächst die Eindrücke der SchülerInnen mit Hilfe einer offenen Fragestellung zusammengetragen. Die SchülerInnen, die eine ähnliche Beobachtung notiert haben stellen sich daraufhin in Kleingruppen zusammen. Im Idealfall bilden sich drei Gruppen, die verschiedene städtische Funktionen darstellen (Einzelhandel, Wohnviertel, Internationale Restaurants). Auf einer entsprechend markierten Karte des Untersuchungsgebietes werden dann die Beobachtungen lokalisiert und Auffälligkeiten besprochen. Die Orientierung in Realräumen und die Reflexion von Raumwahrnehmung soll hier besonders sensibilisiert werden. Die SchülerInnen sollen sich ihrer eigenen individuellen Wahrnehmungsperspektive bewusst werden und erkennen, dass sich diese individuell voneinander unterscheiden. Des Weiteren lernen die SchülerInnen geographisch relevante Informationen im Raum sowie aus der Karte auswerten zu können.

Überleitend dazu werden die SchülerInnen in der nächsten Erarbeitungsphase dazu angehalten, aus ihrer eigenen Raumwahrnehmung und Schülerperspektive herauszutreten und in Form eines Rollenspiels die Perspektive einer konstruierten Persönlichkeit einzunehmen. Dazu werden die SchülerInnen zunächst in 4 Gruppen á 3 Personen eingeteilt. Bei einer unbekannten Lerngruppe ist es ratsam, der Klassenlehrerin die Kleingruppeneinteilung zu überlassen, da die Rollenkarten binnendifferenziert gestaltet sind und so unterschiedliche Leistungsniveaus berücksichtigt werden können. In den Kleingruppen lernen die SchülerInnen ihre zugeteilte Rolle kennen und besprechen den Arbeitsauftrag eigenständig (AB 2). Zur Unterstützung ist jeder Gruppe ein Exkursionsleiter zugeteilt, der bei Schwierigkeiten helfen oder bei Bedarf Denkanstöße geben kann. Je nach Gruppe nehmen die SchülerInnen die Perspektive eines Touristen, einer Seniorin, eines Gastarbeiters oder einer Einzelhändlerin ein. Wobei letztere die anspruchsvollste Rolle ist, da ein wirtschaftliches Verständnis für bspw. Standortfaktoren und Mietpreisentwicklungen vorausgesetzt wird. Bei dieser Aufgabe lernen die SchülerInnen sich in eine andere Perspektive hineinzuversetzen und den Raum aus einem neuen Blickwinkel wahrzunehmen.

In der darauf folgenden Arbeitsphase setzen sich die SchülerInnen intensiv mit ihrer zugeteilten Rolle auseinander und suchen auf der zuvor kennengelernten Route passende Fotomotive für ihre Geschichte. Parallel dazu notieren sie sich Stichworte zu den ausgewählten Fotos auf dem entsprechenden Arbeitsblatt (AB 2). Bei dieser Aufgabe ist die Beurteilungs- und Bewertungskompetenz der SchülerInnen gefordert. Raumbezogene Sachverhalte, Probleme und Informationen müssen kriterienorientiert und vor dem Hintergrund bestehender Werte beurteilt werden.

Währenddessen haben die SchülerInnen die Möglichkeit eigenverantwortlich eine Pause zu machen. Zu einem zuvor vereinbarten Zeitpunkt treffen sich alle Exkursionsteilnehmer wieder an der Eigelstein Torburg um ein kurzes Feedback zur Erarbeitungsphase zu geben und gemeinsam zur Universität zu fahren, wo die zweite Erarbeitungsphase stattfindet.

In der neuen Arbeitsumgebung angekommen, werden die SchülerInnen erneut begrüßt und Willkommen geheißen. In er zweiten Arbeitsphase finden sich die SchülerInnen erneut in den zuvor gebildeten Arbeitsgruppen zusammen um die notierten Stichworte in einen Fließtext ausformulieren (AB 3). Dieser soll als Grundlage für eine Audioaufnahme dienen. Währenddessen werden die Fotos von den Exkursionsteilnehmern auf jeweils einen Laptop pro Gruppe importiert.

Im nächsten Arbeitsschritt werden die Fotos mit Hilfe der Exkursionsleiter in das Programm „Active Presenter" eingefügt und die zuvor verfasste Geschichte per Mikrofon als Audiodatei hinter die Fotos gelegt, sodass eine Foto-Story entsteht. Im Anschluss halten die Schüler ihre Ergebnisse basierend auf der Aufgabenstellung auf Plakaten fest. Die eingebaute Methodenvielfalt aus modernen Medien (Laptops,

Kameras), traditionellen Medien (Plakaten) und fachspezifischen Medien (Karten) fördert die Methodenkompetenz und spricht verschiedene Lerntypen an.

Abschließend sollen die SchülerInnen ihre erstellten Plakate und die Foto-Story zu ihrer Rolle präsentieren. Dazu wird der erstellte Kurzfilm mit einem Beamer an die Wand projiziert. Während der Präsentation machen sich die SchülerInnen auf dem dafür vorgesehen Arbeitsblatt (AB 4) Notizen zu den anderen Perspektiven, sodass eine schriftliche Fixierung aller Gruppenergebnisse gesichert ist. Die SchülerInnen lernen geographische Sachverhalte verstehen, versprachlichen und präsentieren zu können. Im Gespräch mit anderen SchülerInnen sollen sie lernen, sich sachgerecht austauschen zu können.

Abschließend folgt ein Feedback und Fazit über die in der Exkursion gewonnenen Erkenntnisse. Die SchülerInnen sollen auf verschiedenen Maßstabsebenen geographische Systeme erfassen und die Wechselwirkung zwischen Mensch und Umwelt analysieren können. Sie sollten eine vielperspektivische Sichtweise auf multikulturelle Stadtteile am Beispiel Eigelsteinviertel entwickelt haben und in der Lage sein, positive und negative Aspekte des Wandels durch Migration erkennen und analysieren zu können. Die SchülerInnen sollten eine Sensibilität für Multiperspektivität im Raum und individuelle Raumwahrnehmungen entwickelt haben und als Transferleistung die Frage beantworten können, welche Herausforderungen sich aufgrund unterschiedlicher Raumansprüche und Bewertungsgrundlagen für die Stadtplanung ergeben könnten.

Zuletzt werden die SchülerInnen gebeten einen Evaluationsbogen auszufüllen, der dazu dient den Exkursionsleitern eine Rückmeldung über die Eindrücke und das Gelingen der Exkursion zu geben.

5 Reflexion

5.1   Eigene Beobachtungen während der Exkursion und der Nachbereitung

Für einen reibungslosen und erfolgreichen Ablauf der Exkursion sind gewisse Rahmenbedingungen notwendig, die im Vorfeld bestmöglich abgestimmt werden sollten. Bei vier zur Verfügung stehenden Exkursionsleitern sollte die Lerngruppe eine Personenzahl von 12 Schülern möglichst nicht unterschreiten, da sonst die

Aufteilung der insgesamt vier Rollenkarten problematisch werden könnte. Da ein Schüler krankheitsbedingt nicht an der Exkursion teilnehmen konnte, mussten wir kurzfristig improvisieren und entschieden uns dazu, die entstandene Zweiergruppe zusätzlich mit einem Exkursionsleiter zu unterstützen. Des Weiteren wurden die Schüler im Vorfeld dazu angehalten sich eine Einverständnis der Eltern einzuholen, um sich eigenständig und ohne Begleitung im Eigelsteinviertel bewegen können. Da die Einverständniserklärung nicht von allen Schülern eingereicht wurde, organisierten wir uns so, dass die entsprechenden Schüler immer beaufsichtigt wurden. Die Rücksprache und Kooperation mit der Klassenlehrerin war in den genannten Fällen besonders wichtig. Ebenso der vorherige Informationenaustausch über benötigte Materialien, Kleidung, Fahrkarten etc. Die genannten Beispiele machen deutlich, dass auch bei sehr guter vorheriger Planung einer Exkursion stets Improvisationsvermögen und Ausweichmöglichkeiten vorhanden sein müssen.

Im Laufe der Exkursion stellte sich heraus, dass wir das geplante Zeitmanagement in der Form nicht einhalten konnten. Für die Arbeit im Forschungsgebiet haben wir tendenziell zu großzügig Zeit eingeplant, für die Arbeits- und Sicherungsphasen in der Universität hingegen zu wenig. Da wir eine Stunde vor planmäßiger Abfahrt zur Universität fuhren, hatten wir dort ausreichend Zeit, sodass die Exkursion zum planmäßigen Zeitpunkt endete. Je nach Lern- und Arbeitsgeschwindigkeit der Lerngruppe ist daher ein flexibles Anpassen und Umplanen der Zeiteinteilung notwendig. Sinnvoll ist es, eine didaktische Reserve vorzubereiten und sich im Voraus Gedanken darüber zu machen, wie man auf Verzögerungen oder einen vorzeitigen Abschluss von Arbeitsphasen reagieren könnte.

Eine Exkursion findet immer unter erschwerten Bedingungen statt, die möglicherweise vorher nicht bedacht wurden. Die laute Geräuschkulisse der Straße erschwerte teilweise die Kommunikation, ebenso wirkte sich die kalte Temperatur im Feld bei einigen Schülern auf die Konzentration und Motivation aus.

Beim Einsatz moderner Medien, wie Kamera und Laptop sind ebenfalls im Voraus Ausweichmöglichkeiten einzuplanen, sodass der Ablauf im Falle von technischen Problemen nicht gestört wird. Jeder Schülergruppe wurde eine Kamera zum Aufnehmen der Fotos zur Verfügung gestellt. Bei Problemen hätten wir jeder Zeit auf Handys zurückgreifen können. Auch bei der Arbeit mit den Laptops wäre zur Not ein Ersatzgerät einsatzbereit gewesen. Im Nachhinein betrachtet, wäre es sinnvoll gewesen, die gesamte Technik im Voraus einmal auszuprobieren. Bei den Präsentationen der *Active Presenter* – Filme stellte sich heraus, dass der Ton nicht in der optimalen Lautstärke abgespielt werden konnte. Dieses Problem hätte man mit einem zusätzlichen Lautsprecher vorbeugen können. Wenn möglich, sollten auch die räumlichen Gegebenheiten, sowie das Exkursionsgebiet im Vorfeld einmal begutachtet werden.

Aus didaktisch-methodischer Sicht wäre es evtl. sinnvoller gewesen, die SchülerInnen schon im Feld mit dem Notieren von allgemeinen Kriterien zu beauftragen, die später auf das Plakat übertragen werden sollten. Für die Schüler wäre diese Arbeitsfolge eine Strukturierungshilfe und würde eine klare Denkweise vom Theoretischen zum konkreten Raumbezug erleichtern.

5.2   Feedback der ShülerInnen bzw. Lehrpersonen

Insgesamt haben wird eine sehr gute Resonanz der Schüler und ein positives Feedback der Lehrpersonen erhalten.

Die anonym ausgefüllten Evaluationsbögen bieten die Möglichkeit ein direktes und ehrliches Feedback der Schüler zu erhalten und etwaige Verbesserungsvorschläge für die nächste Exkursion anzunehmen.

Besonders positiv angemerkt wurden die Methodenvielfalt, die eigenständige und aktive Arbeitsweise sowie der freundliche und offene Umgang der Exkursionsleiterinnen.

Verbesserungsvorschläge hatten die SchülerInnen im Hinblick auf die Technik während der Präsentationen. Auch hier wurde die Läutstärke der Audiowiedergabe bemängelt. Des Weiteren wurde sich mehr Interaktion mit anderen Gruppen und dem Plenum gewünscht. In gewisser Weise ist der Wunsch nachvollziehbar, da die Schüler überwiegend mit den Schülern ihrer Kleingruppe arbeiteten und keine Gruppenmischung innerhalb der Arbeitsphasen stattfand. Bemängelt wurde außerdem das kalte Wetter, was wir jedoch leider nicht beeinflussen konnten. Auf das Tragen witterungsbeständiger und warme Kleidung wurden die Schüler im Voraus hingewiesen.

Die Klassenlehrerin lobte die Strukturierung der Exkursion sowie die Methodenwahl. Die Schüler konnten ihre eigenen Eindrücke, Vorstellungen und kreativen Ideen einbringen, was sich positiv auf die Motivation und das Lernergebnis auswirkte. Ebenso war ein klarer inhaltlicher Zusammenhang zwischen den Arbeitsmethoden im Feld und den anschließenden Methoden im Klassenraum erkennbar. Insgesamt war ein Roter Faden erkennbar und die Exkursion wirkte in sich schlüssig und rund. Durch dir schriftliche Fixierung der Lernergebnisse und die entstandenen Arbeitsprodukte in Form von Foto-Storys, können die gewonnenen Erkenntnisse im weiteren Verlauf der Unterrichtseinheit wieder aufgegriffen und nach bedarf konkretisiert werden.

5.3 Erkenntnisse aus den videografierten Sequenzen

Die Möglichkeit sich selbst im Nachhinein auf Videosequenzen analysieren und beobachten zu können, ist grundsätzlich eine große Chance und Bereicherung. Man lernt sein eigenes Wirken aus einer anderen Perspektive zu reflektieren und den Unterrichtsverlauf objektiv zu beurteilen.

Dennoch löste die Kenntnis darüber, während der Exkursion videografiert zu werden bei mir persönlich zusätzliche Verunsicherung und zusätzlichen Druck aus, was sich möglicherweise auf die eigene Selbstsicherheit auswirkte.

Grundsätzlich haben wir uns als Lehrpersonen gut ergänzt und gegenseitig unterstützt. Obwohl jeder Exkursionsleiter einen bestimmten Teil der Exkursion moderierte, fühlten sich alle mitverantwortlich und ergänzten spontan Informationen oder Hinweise.

Im Nachhinein wurde erkennbar, dass im Gespräch mit den Schülern teilweise eine zu starke Lenkung bzw. zu viel vorweg genommen wurde. Grundsätzlich konnten wir durch die unbekannte Lerngruppe die Leistungen der Schüler im Voraus schlecht einschätzen und haben ihre kognitiven Eigenleistungen daher tendenziell unterschätzt. Bei offenen Fragen an die Lerngruppe hätten wir mehr Denkzeit geben sollen und die Lösung nicht zu früh vorweg nehmen dürfen.

6 Fazit

Das begleitende Seminar gliederte sich in insgesamt drei aufeinander aufbauende Blöcke. Im ersten Block handelte es sich um eine erste theoretische Fundierung, in der die im theoretischen Teil dieser Arbeit behandelten Themen vermittelt wurden. Im zweiten Block fand die Konzeption, Ausarbeitung und Durchführung des Exkursionsbausteins in Gruppenarbeit statt. Im darauf folgenden dritten Block stand die Evaluation und Reflexion der Exkursionsdurchführung im Fokus. Grundsätzlich war der Aufbau des Seminars gut strukturiert und gegliedert.

Die Gruppenarbeitsphase, in der die Exkursionsbausteine konzeptioniert und die notwendigen Materialien zusammengestellt werden sollten, habe ich als sehr knapp bemessen wahrgenommen. Um ein stimmiges Exkursionskonzept entwickeln zu können, war eine gute Zusammenarbeit und Kooperation aller Gruppenmitglieder notwendig. Wir haben uns neben den planmäßigen Veranstaltungsterminen zusätzlich während unserer Freizeit getroffen und privaten Kontakt gehalten, um pünktlich fertig zu werden. Als Verbesserungsvorschlag würde ich daher etwas mehr Zeit für diese Phase einräumen. Wie bei jeder Teamarbeit, bei der unterschiedliche Vorstellungen und Ideen aufeinandertreffen, müssen Konzepte erst ausgehandelt werden, was zusätzlich Zeit kostet. Auch bei der Arbeitsaufteilung musste man sich aufeinander verlassen können und war auf die Zuverlässigkeit der Gruppenmitglieder angewiesen. In unserer Gruppe hat die Planung und Umsetzung des Exkursionsbausteins gut funktioniert. Bei der schriftlichen Dokumentation haben wir uns aus den bereits genannten Gründen jedoch dazu entschieden, in Einzelarbeit zu arbeiten.

Die Exkursionsleiterzahl von fünf Personen ist meiner Meinung nach an der oberen Grenze, insbesondere da die Schülergruppe verhältnismäßig klein war. Eine Studentengruppe von drei bis vier Personen würde die Planbarkeit erleichtern und jedem Studenten mehr Aktions- und Umsetzungsmöglichkeiten während der Exkursion bieten.

Insgesamt haben mir die Erfahrungen, die ich während jeder Phase des Seminars und insbesondere aus der aktiven Umsetzung des Exkursionsbausteins im Feld sammeln konnte, wertvolle Erkenntnisse gegeben. Die Möglichkeit einen Exkursionsbaustein nicht nur planen, sondern auch unter realen Bedingungen mit einer Schülergruppe umsetzen zu können, ist eine wertvolle Erfahrung. Besonders hilfreich und wichtig war zudem die nachfolgende Reflexion, die dank der vieografierten Sequenzen bis ins Detail besprochen werden konnte. Für die Zukunft würde ich mit öfter solch praxisnahe Lehrveranstaltungen im Rahmen des Lehramtstudiums wünschen.

Literaturverzeichnis

Bahr, M., 2013. Der Vielfalt mit Vielfalt begegnen – Binnendifferenzierung im Geographieunterricht. In: Praxis Geographie. (6), 4-9.

Brockhaus, 2006. Enzyklöpädie. Bd. 8. Leipzig, Mannheim.

DgfG – Deutsche Gesellschaft für Geographie (Hrsg.) 2012. Bildungsstandards im Fach Geographie für den Mittleren Schulabschluss mit Aufgabenbeispielen. Selbstverlag, Bonn.

Heymann, H. W., 2010. Binnendifferenzierung – eine Utopie? Pädagogischer Anspruch, didaktisches Handwerk, Realisierungschancen. In: Pädagögik 62 (11), 6-11.

Hoffmann, K. W., Dickel, M., Gryl, I., Hemmer, M., 2012. Bildung und Unterricht im Fokus der Kompetenzorientierung In: Geographie und Schule: fachliche Grundlagen, Unterrichtspraxis Sekundarstufe 1 & 2. 34 (195), 4 – 13.

Krautter, Y., 2015. Medien im Geographieunterricht nach lernförderlichen Kriterien auswählen. In: Reinfried, S. und Haubrich, H. (Hrsg.). Geographie unterrichten lernen. Die Didaktik der Geographie. Cornelsen, Berlin, 213-276.

Ministerium für Schule und Weiterbildung des Landes NRW, 2007. Kernlehrplan für das Gymnasium - Sekundarstufe I in Nordrhein-Westfalen: Erdkunde. Ritterbach Verlag, Frechen.

Ohl, U., Neeb, K., 2012. Exkursionsdidaktik: Methodenvielfalt im Spektrum von Kognitivismus und Konstruktivismus. In: Haversath, J.-B. Geographiedidaktik. Theorie - Themen - Forschung. Braunschweig, 259-288.

Ringel, G., 2012. Einsatz von Medien. In: Hüttermann et al. (Hrsg.) Räumliche Orientierung. Räumliche Orientierung, Karten und Geoinformation im Unterricht. Westermann, Braunschweig, 175-212.

Weinert, F. E., 2001. Vergleichende Leistungsmessung in Schulen: Eine umstrittene Selbstverständlichkeit. In: Weinert, F. E. (Hg.), Leistungsmessungen in Schulen. Weinheim u. Basel.

BEI GRIN MACHT SICH IHR WISSEN BEZAHLT

- Wir veröffentlichen Ihre Hausarbeit,
  Bachelor- und Masterarbeit

- Ihr eigenes eBook und Buch -
  weltweit in allen wichtigen Shops

- Verdienen Sie an jedem Verkauf

Jetzt bei www.GRIN.com hochladen und kostenlos publizieren